J. DELAGNY

# LA MER

ET

# LES POISSONS

( Pas par J. MICHELET )

Censeur audacieux, peut-être nécessaire,
Je juge et je critique un maître en l'art de faire.
J. V.

. . . . . . . . . . . . . . . . . . .
Censeur un peu fâcheux, mais souvent nécessaire,
Plus enclin à blâmer que savant à bien faire.
BOILEAU (*Art poétique*).

— Prix : 50 cent. —

PARIS
AUMOND, LIBRAIRE, BOULEVARD DE STRASBOURG, 33
ET CHEZ TOUS LES LIBRAIRES
1861

J. DELAGNY

# LA MER

ET

# LES POISSONS

(Pas par J MICHELET)

> Censeur audacieux, peut-être nécessaire,
> Je juge et je critique un maître en l'art de faire.
>
> J. V.
>
> . . . . . . . . . . . . . . . . .
>
> Censeur un peu fâcheux, mais souvent nécessaire,
> Plus enclin à blâmer que savant à bien faire.
>
> BOILEAU (*Art poétique*).

PARIS

AUMOND, LIBRAIRE, BOULEVARD DE STRASBOURG, 33

ET CHEZ TOUS LES LIBRAIRES

1861

## A MONSIEUR ALFRED D'AUNAY

---

Mon cher monsieur,

Un livre, si petit et si mince qu'il soit, a toujours été, de nos jours, précédé d'une préface et plus souvent encore d'une dédicace à l'une de nos célébrités plus ou moins *célèbres*, et dont la réputation est plus ou moins méritée. Permettez-moi donc d'imiter les écrivains qui m'ont précédé dans la carrière si épineuse de la littérature, et de vous dédier ce modeste opuscule. Puissiez-vous y voir une marque sincère de mon admiration pour votre talent et pour la manière délicate et gracieuse avec laquelle vous maniez si habilement votre plume.

Votre dévoué et sincère ami,

J. Delagny.

# FAUT-IL UNE PRÉFACE

La mode est aux préfaces, et le temps a depuis longtemps consacré cet antique usage.

Imiterons-nous les anciens et, sous prétexte de faire comme eux, écrirons-nous quelques pages endormantes, lues si rarement et qu'on saute presque toujours comme ennuyeuses et inutiles au succès de l'ouvrage lui-même et à son propre mérite?

Une préface doit promettre beaucoup, sauf à ne tenir aucun compte de ses promesses. Le lecteur bénévole se laisse prendre aux cajoleries de la porte, et ne reconnaissant que plus tard son erreur et la tromperie dont il est victime, il croit indigne de lui de se plaindre et de s'avouer bafoué. Puis, faisant contre fortune bon cœur (vieux style), il reprend sa lecture, espérant toujours voir cesser le bavardage de l'auteur et arriver bientôt, sinon à la conclusion, du moins au développement d'une action dont le sujet lui plaît, et dont les premières lignes l'ont vivement intéressé.

Nous pourrions citer bon nombre de ces auteurs dont les œuvres renferment des milliers d'inutilités qu'ils ont amassées et qu'ils jettent à profusion, et sans goût dans leurs ouvrages, n'ayant d'autre but que celui d'en augmenter l'importance en les grossissant outre mesure. De là deux avantages qui méritent bien d'être cités : 1° celui de recevoir une récompense pécuniaire beaucoup plus forte; et, 2° la vanité satisfaite par l'aspect de volumes aussi gros, dus tout entiers à leur imagination et à leur talent.

Pour avoir une préface, nous adresserons-nous à M. Sainte-Beuve? Non, certes; malgré la confiance que nous éprouvons pour lui, pour son talent d'écrivain et pour la longue expérience qu'il a dû acquérir dans ce genre de littérature, nous nous abstiendrons de le faire, ne voulant pas encore augmenter le nombre, déjà si considérable, de celles qu'il a bien voulu rédiger.

Toutefois, ce sujet nous entraînant trop loin de celui que nous voulons traiter, nous ne le ferons pas, de crainte d'être accusé des mêmes fautes que nous reprochons ici aux auteurs anciens ou modernes.

Nous supprimons donc la préface, non-seulement parce qu'elle est inutile, mais encore parce que nous ne voulons pas faire de promesses illusoires et inadmissibles. De deux choses l'une, ou vous louez votre écrit, ce qui, soit dit en passant, est fort peu modeste, ou bien vous essayez d'en donner un faible aperçu dans une espèce d'analyse qui n'est pas sans danger, car, au début, vous pouvez ainsi décourager votre lecteur et lui ôter même l'envie de pousser plus loin l'examen de votre œuvre.

Nous laisserons donc au public, juge le plus clairvoyant et le plus impartial, le soin de juger notre *gros volume*. Nous espérons qu'il nous tiendra compte des efforts que nous avons faits pour le satisfaire, en rendant du mieux qu'il nous a été possible certaines idées, certaines impressions de voyage, dont le côté plaisant et tout à fait poétique est digne d'être remarqué, du moins, nous le pensons.

Nous nous sommes éloigné le moins possible de la vérité, qui a toujours été notre guide à travers les chemins que nous avons parcourus. Nous croyons l'avoir suivie de notre mieux et ne nous en être écarté que le plus rarement qu'il nous a été possible, et cela pour l'intelligence des faits qui suivent et dont chacun pourra s'assurer.

Dans tous les cas, la bienveillance de nos lecteurs, sur laquelle nous osons compter, ne saurait nous faire défaut. En éloignant de notre plume tout ce qui pouvait allonger inutilement notre récit, nous avons fait preuve de désintéressement. Nous écrivons pour le plus grand nombre, c'est pourquoi nous nous sommes attaché, par un bon marché exceptionnel, à mettre notre brochure à la portée de toutes les bourses, de toutes les intelligences.

Notre but nettement et franchement exprimé, nous allons maintenant, sans plus tarder, entrer en matière et ne pas prolonger plus longtemps la curiosité d'un lecteur que nous désirons sincèrement intéresser, et pour cause, à la lecture de cet ouvrage.

Le personnage dont nous allons nous entretenir est connu dans tout Paris, son nom est dans toutes les bouches, car sa réputation est européenne et son mérite incontestable. Son éloge est dans tous les cœurs. Victor-Hugo en parle avec admiration, et les hommes les plus recommandables par leur nom, leur fortune et leur position dans la société, lui serrent tous les jours la main et tiennent à honneur de l'avoir pour ami.

Nous allons engager une lutte bien inégale et dont les résultats ne sont pas douteux pour nous.

Vous rappelez-vous la fable du pot de terre et du pot de fer?

Notre cas est le même.

Mais qu'importe; de nos débris sortiront sans doute quelques idées drôlatiques et la charge survivra peut-être à notre perte. En ce cas, nous nous relèverons plus fort que jamais, et nous nous déclarerons satisfait.

# LA MER ET LES POISSONS

## I

### PORTRAIT D'UN SAVANT

M. Michelet est une de ces natures candides comme il y en a si peu aujourd'hui et comme on en rencontre difficilement dans le monde plus ou moins camelote. C'est un être privilégié, tout à fait à part; il voit les choses les plus ordinaires de la vie, les progrès de notre civilisation, les produits de notre industrie d'un œil admirateur et sous un aspect bien différent des autres mortels. Pour lui, rien n'est prosaïque; il n'est rien qui ne mérite une attention soutenue, approfondie, une mention particulière. Enfin, si vous voulez arracher des larmes d'attendrissement de ses yeux doux et expressifs, si vous tenez à avoir des preuves d'une sensibilité exquise, procurez-vous une de ces croûtes, péchés mignons de la jeunesse de nos Raphaëls modernes, où l'artiste en délire, s'inspirant d'une idée saugrenue, saisit ses pinceaux et représente en quelques minutes... une botte d'oignons ou de carottes.

Michelet est anéanti, son admiration est vivement excitée; il est fasciné, touché d'un spectacle si nouveau et si naturel.

Cette ébauche légère, cette croûte informe est pour lui saisissante d'expression et de vérité; elle éveille ses souvenirs, il se rappelle ses excursions dans les champs, le paysan qui sema la graine, la nature qui eut soin de l'arroser, l'intérêt qu'il prit à la croissance du légume, les diverses phases qu'il subit avant d'être arraché par une main barbare qui, sans pitié pour ses efforts, le sépara violemment de ses compagnons et le céda pauvre et chétif à des mains mercenaires, qui le mirent, sans vergogne, dans une poêle pour le faire cuire... horreur!... pour le manger... profanation !

Ses cheveux se dressent sur sa tête; son regard devient trouble, embarrassé; sa main fiévreuse creuse un vaste sillon sur sa poitrine; des larmes de rage et d'impuissance s'échappent de ses yeux humides et courroucés, en même temps qu'un frémissement douloureux parcourt tout son être.

Ne croyez pas ce portrait chargé. Michelet existe bien réellement, pour l'honneur de notre époque; c'est un personnage bien connu de la France entière et même de l'étranger. Doué d'une sensibilité singulière et extraordinaire à la fois, son érudition est profonde, son intelligence remarquable, et ses connaissances de toutes sortes, innombrables, le mettent au rang des êtres supérieurs.

Malheureusement, il est aussi doué d'une poésie désespérante : c'est un écrivain de talent et poétique par excellence.

La nature, la belle nature, lui paraît préférable à l'art uni à la grâce. Amateur quand même du genre *Courbet*, il se prosterne devant une grosse Auvergnate, vieille et sale créature, véritable type de poissarde ou de harengère, et s'écrie d'un son de voix impossible à rendre :

— Une femme!... c'est une femme!

La plus belle moitié du genre humain, lors même qu'elle se trouve représentée sous cet aspect peu enchanteur et d'une manière si peu séduisante, le ravit, lui paraît admirable et sans reproches.

Pour lui, il n'existe pas de ces êtres vieux et décrépits,à la parole grossière, à la voix cassée et avinée, aux gestes brusques et saccadés, de ces êtres enfin qui, n'ayant rien d'humain, ne possèdent de la femme que le nom.

Suivant lui, la femme est toujours belle, toujours jeune; elle est douce, aimante, dévouée, modeste. Il se plaît à la parer de toutes les qualités et lui refuse le moindre défaut, le moindre vice.

Encore un mérite de plus; il croit au bien, nie le mal, voit partout des preuves de sincérité, de vertu, d'attachement, que sais-je encore? Il possède si bien le talent de faire partager aux autres ses convictions, ses propres impressions, que je ne serais pas étonné, en lisant un jour un nouvel in-folio de sa composition, de m'intéresser bénévolement et sans m'en apercevoir au sort d'un bonnet de coton roulant de mains en mains, de tête en tête, et finissant par se rencontrer avec bien d'autres choses, toutes aussi intéressantes les unes que les autres, au même degré, dans une hotte de chiffonnier... dirais-je philosophe?... Pourquoi non?

Ainsi donc, il est incontestable pour nous, comme pour le public lettré, que Michelet a beaucoup de talent, puisqu'il intéresse si facilement en parlant d'un objet si utile, et en apparence si frivole. Il est vieux ; personne, du reste, ne saurait le nier et contester le moins du monde son mérite. Il écrit facilement, savamment même ; mais pourquoi s'acharne-t-il à nous entretenir de ses voyages ? pourquoi surtout nous force-t-il à le suivre pas à pas, et pour ainsi dire à la piste, à travers tous ses rochers, ses plages et ses galets ? Le sacrifice est grand ; car, malgré les relais qu'il a jetés avec intelligence, de distance en distance, et comme pour reposer le malheureux égaré dans un dédale sans fin et continuant forcément le chemin qui l'effraye, alléché par la perspective d'en sortir bientôt,

Jurant, mais un peu tard, qu'on ne l'y prendra plus.

et revenant toujours se prendre au même piége, charmé par un style correct, élégant, par des expressions choisies et finement rendues.

Que dire encore ?

Qu'un écrivain de talent peut traiter le sujet le plus insignifiant, le plus futile, l'orner de mille incidents remarquables, savamment rendus, et le rendre intéressant lorsqu'une plume médiocre parviendrait à grand'peine à le rendre supportable.

N'est-il pas aussi de toute évidence que certains auteurs à la mode doivent seuls à leur réputation la vogue de leurs ouvrages, l'empressement du public à se procurer leurs œuvres, pour les placer très en vue des visiteurs, sauf à ne pas les lire ?

Nous avouons, pour notre part, posséder certain bouquin in-18 jésus, comme on appelle cela, dont la lecture nous fatigue à tel point que nous pensons ne pouvoir jamais le terminer.

Un style trop égal et toujours uniforme
En vain brille à nos yeux, il faut qu'il nous endorme.

Mais nous voici bien loin de Michelet et de sa dernière œuvre, et vous trouvez probablement, ô lecteurs innocents, que nous nous écartons beaucoup trop de notre sujet.

Qu'y a-t-il de commun entre un bouquin plus ou moins jésus et notre philosophe sensible et poétique?

Aurions-nous l'intention de les confondre ensemble?

L'un serait-il le confident de l'autre?

Patience, patience, comme dit ce bon M. Rodin; attendons encore et suivons l'ordre des événements; peut-être, en cherchant bien, trouverons-nous un rapprochement... bizarre entre deux sujets si différents.

M. Michelet, atteint de cette maladie noire que nos voisins nomment le spleen, fit ses malles à la hâte, puis, chargé de ses nombreux bagages, il se rendit à l'une de nos gares de chemins de fer. Le hasard, faites-y bien attention, le hasard seul le conduisit au Havre : il vit la mer!... Combien de nos Parisiens sentent battre leur cœur à ce mot magique : la mer!... La spéculation s'empare de cet engouement et pousse sa sollicitude envers le public jusqu'à créer des trains de plaisir pour aller, pendant vingt-quatre heures, admirer les magiques effets de la *plaine liquide*. L'imagination frappée du récit de Théramène, il cherche sur la plage quelque monstre redoutable,

Indomptable taureau, dragon impétueux
Dont la croupe se recourbe en replis tortueux.

En vain il interroge les marins, les pêcheurs; nul parmi eux ne connaît cette singulière espèce, et la dit introuvable. Il la demande, éploré, aux rochers d'alentour; sourds à ses accents, ils dédaignent de lui répondre et le laissent triste, pensif, suivre le chemin... de la grève et poursuivre le cours de ses poétiques pensées.

Il s'indigne ensuite du calme et du silence des côtes; cette immobilité le surprend et l'étonne. Il veut des émotions, des tempêtes émouvantes, il rêve un ouragan terrible :

Tel qu'un torrent furieux
Qui, grossi par les orages,
Se soulève en grondant et couvre ses rivages.

Il s'approche de la mer et lance des cailloux à la belle indolente; soins inutiles, vains efforts; la mer semble ne pas comprendre ses désirs les plus chers, ses vœux les plus ardents; elle se moque de ses efforts et, souriant de sa faiblesse, se plaît à exciter son courroux en conservant son calme et sa limpidité ordinaires.

Harassé de fatigue, Michelet rentre à son hôtel. *La tempête a fait relâche* et, comme tant d'autres qui entreprennent journellement ce voyage pour assister à des ouragans terribles, à des marées extraordinaires, et rejoignent leurs pénates, sans avoir eu la satisfaction qu'ils étaient venus chercher si loin. Notre savant est désappointé, mais il ne perd pas tout espoir; allons donc! il lui faut une tempête... une petite tempête, s'il vous plaît; il n'abandonnera la plage que lorsque les falaises et les grèves n'auront plus rien à lui apprendre de piquant et de mystérieux.

Vous connaissez, sans doute, *l'Amant de la Lune*, de notre écrivain populaire Paul de Kock?

Eh bien, vous connaîtrez bientôt *l'Amant de la mer*, son ami le plus tendre et le plus dévoué.

Il existe entre lui et sa compagne, des épanchements mystérieux, des relations suivies : il lui parle, elle lui répond !... Que de choses ils se disent dans ces longs tête-à-tête, dans une intimité que nul profane ne saurait troubler; car il essayerait vainement de s'initier au propos si suaves de la *grande langue*.

Écoutez un peu ce qu'il dit de son idole, nul amant n'est plus tendre ni plus enthousiaste des perfections de sa maîtresse.

---

## II

### LA MER.

La mer est la complète réalisation de l'infini, c'est une immensité insondable, un spectacle grandiose et gigantesque à la fois, qui vous inspire la terreur et l'effroi. A sa vue imposante et majestueuse, vous vous arrêtez, frappé d'enthousiasme et de respect envers le Créateur; vous reconnaissez dans ses abords étranges, dans ses mouvements périodiques une influence supérieure: l'œuvre d'un grand maître, dont le pouvoir mystérieux, irrécusable, vous saisit et vous pénètre de crainte et d'admiration.

La terre est immobile et sournoise.

La mer est innocente et bien éloignée de causer du mal, elle apporte ses trésors de sel fécond, qui enrichissent les cultures et transforment les marais en jardins délicieux, en prairies émaillées de fleurs.

Esprits forts ou athées, prosternez-vous devant l'évidence et ne niez plus l'existence d'un être surnaturel lorsqu'il daigne fixer votre vue sur cet imposant tableau et faire reluire à vos regards éblouis des mirages vertigineux.

Enfin! les vœux du savant écrivain sont exaucés. Il a vu une tempête, sur la plus jolie mer du monde. Il assiste, près de Gênes, à un petit ouragan capricieux et fantasque qui dura peu, mais qui *ragea* très-singulièrement, et si bien qu'il ne vît rien de mieux à faire que d'aller voir de près l'élément en courroux. Il descendit sur une corniche de roches volcaniques bordant le rivage et qui dominent, d'à peu près trente pieds, la lame perfide et furieuse. Il reste abasourdi d'un spectacle aussi sublime; il n'entend que des cris discordants et insensés; il remarque une nappe d'écume d'une blancheur irréprochable fouettant des laves noires; il reste frappé de ce contraste saisissant et vraiment diabolique. Il entend toujours la même note monotone et triste à la fois.

Que demande la tempête?... Que signifient ces accents graves et impérieux?

La mort universelle!...

La suppression de la terre et le retour au chaos!...

Et pourtant la mer est innocente, elle ne cause aucun mal...

Certes, voilà qui est extraordinaire et se comprendra difficilement, mais qu'importe ! cette invraisemblance existe réellement et prouve une fois de plus que :

> Son style impétueux souvent marche au hasard ;
> Chez lui un beau désordre est un effet de l'art.
> . . . . . . . . . . . . . . . . . . . . . . .
> . . . . . . . . . . . . . . . . . . . . . .
> Souffrez que je l'admire et ne l'imite point.

. . . . . . . . . . . . . . . . . . . . . . . .
. . . . . . . . . . . . . . . . . . . . . . .

## III

### LES POISSONS.

Vous pensez peut-être, maintenant, qu'après avoir assisté à cette scène émouvante, il va se hâter, en regagnant son hôtel, de faire ses malles pour reprendre au plus vite le chemin de Paris.

Détrompez-vous.

Il observe attentivement le règne aquatique, sa bienveillante sollicitude est éveillée en faveur des mollusques et des crustacés.

Existe-t-il dans la création un être plus incompris que le poisson ?

Telle est la question qu'il se pose.

Il se prononce pour la négative et prétend que dans quelques années, les derniers poissons seront obligés de se réfugier aux profondeurs insondables pour échapper à la voracité de l'homme.

Croyez-vous à la métempsycose, au passage d'une âme dans un autre corps?

J'avoue franchement, pour ma part, que M. Michelet me paraît tellement au courant des habitudes et des mœurs aquatiques, que j'hésite à ne pas voir en lui un ancien habitant de ces mêmes parages, un ex-compagnon de ces poissons qu'il décrit si bien et d'une manière si touchante.

Qui le croirait? Le poisson a un cœur, une cervelle! Comme les pauvres humains, son cœur est sensible, il aime, il est aimé! Il sait remplir ses devoirs d'époux et de père; il est heureux,

« Heureux comme un poisson dans l'eau. »

Sa vie est une longue félicité, il promène son indolence suspendu entre deux eaux, il va et vient sans jamais rencontrer sur sa route des aspérités qui le forcent à suspendre sa marche. Sa viscosité le rend insensible au changement de température; sa fluidité gluante se transforme en écailles élastiques, donne de la souplesse à ses mouvements, allége ses efforts et lui procure cette force si préférable à la beauté, qui lui permet de couper l'élément liquide avec rapidité, et de se transporter facilement, rapidement même partout où il le désire.

Notre savant établit une comparaison entre cette vie si commode et si douce et la nôtre, si accidentée et si triste. Faut-il le dire? la comparaison n'est pas à notre avantage : il se prononce pour le règne aquatique et regrette sincèrement de ne pas être né poisson!...

Il existe pourtant, au sein des mers, des destructeurs puissants de ces masses compactes, des ennemis acharnés qui troublent la félicité des innocents et amènent au milieu d'eux le carnage, la mort et son lugubre entourage. Le mal est ici nécessaire, car sa prodigalité est le salut de tous : la fécondité surprenante des uns est nuisible au bien-être des autres.

Voici d'abord le hareng et la morue; en voilà qui comprennent un verset de l'écriture qui semble fait exprès pour eux :

Croissez et multipliez!

Ils se chargeraient, à eux seuls, de combler les mers, leur fécondité extraordinaire le leur permettrait sans peine; mais ils sont égoïstes et supprimeraient à leur profit les autres espèces, si on les laissait faire.

Heureusement, la nature est prévoyante, elle a pourvu à cet état de choses en créant le plus redoutable des mangeurs, le requin stupide et vorace, dont la stérilité relative est un bienfait. S'il en était autrement, si, comme tant d'autres, il déversait sa fécondité en torrents par toute la mer, il deviendrait nuisible à la postérité, il dépeuplerait rapidement l'océan et amènerait une véritable calamité, car son apparition cesserait d'être un bienfait.

L'attention de l'écrivain se porte ensuite sur la baleine, il la compare à la femme pour la douceur et la timidité; l'organisme, dit-il, est le même, elle n'a pas la riche ceinture de la femme; la forme d'un vaisseau est inhérente à sa vie, à ses courses vagabondes. Les mamelles, placées en avant, exposeraient son enfant à tous les chocs; aussi les a-t-elle beaucoup plus bas, sous le ventre; elle doit protéger son petit, fendre pour lui les flots agités et ne lui envoyer qu'une vague brisée.

L'émotion nous gagne en l'entendant nous vanter

l'amour maternel de la baleine, son dévouement héroïque pour son unique rejeton, et nous sommes prêt à verser des larmes d'attendrissement lorsqu'il nous dépeint le pêcheur insouciant et cruel qui sépare violemment, d'un coup de harpon, l'enfant de ses parents, pour se faire suivre par ces derniers et avoir ainsi trois proies au lieu d'une. Ce calcul nous semble une spéculation féroce. L'attachement qu'ils ressentent les uns pour les autres nous émeut; nous nous intéressons aux efforts qu'ils font pour délivrer le pauvre petit et l'arracher à une mort imminente en s'exposant eux-mêmes aux coups pour le ramener à la surface et l'aider à respirer.

Hommes, respectez ces amours! laissez aux baleines cet endroit solitaire, au Groëland, où elles puissent en paix, et loin des yeux profanes, célébrer paisiblement leurs noces orageuses!

---

Voici maintenant le sultan de la mer, le morse, le dugong. Comme il nous décrit bien ces êtres amphibies, qui, peu soucieux des regards jaloux, vivent doucement et mollement au soleil et sans mystères. Leurs compagnes nombreuses forment un sérail curieux et plein d'intérêt; le maître et seigneur jette le mouchoir, puis, ayant choisi parmi ses odalisques la plus empressée, il trône avec noblesse et majesté au milieu des autres; il défend sa famille menacée avec un acharnement sans égal; il expose sa vie noblement et toujours sans succès pour secourir et protéger ceux qu'il aime.

Mais il existe une autre espèce beaucoup plus

petite et plus gracieuse, qui porte aussi l'amour maternel au plus haut degré, du moins l'illustre écrivain l'assure, et nous sommes trop poli pour le démentir.

---

## IV

### LA FEMME MARINE.

Le phoque et le lamantin sont prévenants et pleins de soins pour leurs compagnes, nous dit-il, ils leur apportent leur nourriture et celle de leurs petits.

Nous nous intéressons à ce tableau touchant ; les amours des lamantins, extrêmement curieux, nous remplissent l'imagination, et nous sommes presque entraîné à voir une femme marine dans cette lamantine, tendre amphibie qui embrasse son enfant et le presse sur son cœur. Nous nous demandons, effrayé, si ces hommes et ces femmes de mer, dont on parlait au seizième siècle et dont il nous reparle encore, ont réellement existé. L'histoire de cette religieuse qui vécut dans un couvent de longues années, sans pouvoir jamais faire entendre aucun son et qui pourtant travaillait et filait aux yeux de tous, excepté au bord de la mer, où elle faisait de vains efforts pour revenir et se précipiter dans les flots, nous étonne et nous confond. Cet être extraordinaire a-t-il réellement existé ? N'est-il pas de toute évidence que s'il en fut ainsi, nous ne pourrons jamais en avoir la preuve?...

Comme le fait remarquer judicieusemement M. Michelet, un événement semblable, fût-il vrai, dut passer aux yeux des ignorants pour une anomalie; ils durent s'efforcer de faire disparaître les preuves qui en résultaient, puis regarder comme des monstres tous les êtres qu'ils ne comprenaient pas et qui sortaient des formes connues, ils se hâtaient de supprimer ce qu'ils nommaient d'affreux prodiges.

Quoi qu'il en soit, avouons que nous verrions avec plaisir dans un de nos grands musées une exposition complète où l'on ferait ressortir les points de ressemblance avec notre espèce humaine: des mères phoques ou lamantines tenant leurs enfants sur le sein à l'aide de la main.

Nous sommes ici d'accord avec notre savant, et notre pensée est la même.

Puissions-nous bientôt avoir la satisfaction que nous désirons et examiner attentivement les rapports qui peuvent exister entre un poisson à moustaches et à forte tête et notre pauvre espèce humaine, que Mallet prétend issue de l'autre!

Orgueil et vanité! Où diable allez-vous vous nicher? nous nous figurions tout bonnement et fort innocemment descendre d'Adam et d'Ève, et voilà maintenant qu'en cherchant bien, on nous assimile aux phoques et aux lamantins, et l'on nous fait descendre d'eux.

On a déjà fait une remarque humiliante pour notre espèce. On nous a comparé aux singes, et les orang-outangs à nous; puis on a fait des rapprochements bizarres entre l'homme des bois et l'homme civilisé, entre l'homme de la nature et le sauvage; mais personne n'avait encore eu l'idée de nous assimiler au règne aquatique. Cette idée appartient à

Mallet, nous ne lui en contesterons jamais la priorité.

Il est avéré depuis longtemps que l'intelligence de certains êtres est de beaucoup supérieure à celle de quelques hommes. Pour ne citer qu'un exemple de ce que nous avançons, nous nous contenterons de citer, parmi les amphibies, le peuple intéressant et travailleur des castors; mais ce n'est pas une preuve suffisante pour qu'il soit permis de nous comparer à eux.

M. Michelet est entraîné à le faire, et presque toujours il donne la préférence aux êtres qu'il décrit. Il éprouve pour eux mille délicatesses inusitées, son cœur est un trésor toujours ouvert aux sensations les plus délicates et les plus suaves. Il possède l'admirable talent de captiver votre attention et il le fait si naturellement que vous doutez vous-même de l'ascendant mystérieux qu'il exerce sur votre esprit ; ses paroles vous pénètrent, il trouve pour vous convaincre des accents irrésistibles et touchants; il vous raconte des faits isolés, des scènes de famille qui vous étonnent et vous émeuvent.

Il raconte l'histoire d'une espèce d'amphibie, l'*oxarie*, qui, ayant perdu son petit, accablée par la douleur de cette perte et par les reproches muets de son époux, parvenu au comble de la fureur, et ne se connaissant plus, aveuglé de désespoir, accable sa femelle de coups. Celle-ci, loin de lui répondre, de lui rendre coup pour coup, semble comprendre la grandeur de sa faute; elle se baisse, rampe devant lui, le baise et l'accable de larmes chaudes et brûlantes, telles que sa poitrine en est inondée.

N'est-ce pas tout à fait une scène de ménage tirée de la vie humaine?

Croyez-vous qu'une femme à qui l'on enlèverait furtivement un enfant adoré, puisse se montrer plus affligée et plus repentante de sa négligence?

La fureur de l'amphibie mâle est naturelle. L'homme ne pourrait exprimer d'une manière plus éloquente son désespoir, l'aveuglement de sa fureur et les transports de rage dont il est saisi et dont il rend victime sa malheureuse et innocente compagne.

Quelle nature éminemment poétique!...

Il semble dire :

Il suffit, j'ai parlé, tout a changé de face.

Désormais les amphibies prendront place au-dessus des humains ; leur intelligence leur en donne le droit incontestable, et les pauvres mortels s'estimeront heureux d'occuper le second rang dans l'échelle sociale.

Il les relègue déjà à cette place humiliante; car, lorsqu'il parle des ennemies de la baleine, de cet admirable trésor que la nature se plut à orner de toutes les richesses, il dit :

« Deux êtres, aveugles et féroces, s'attaquent à » l'avenir, font lâchement la guerre aux femelles » pleines; c'est le cachalot et c'est l'homme. »

L'homme en dernier, vous le voyez, il n'est là que pour servir de compagnon, de comparse au cachalot, c'est un être nul, et il appartient seul au monstre horrible de captiver et de fixer l'attention.

Et pourtant quel est le plus barbare des deux? Est-ce l'innocent *cachalot*, horrible bête, où tout est dents, mâchoires et tête, qui se contente de manger le petit dans le ventre de sa mère, et qui la dévore après, hurlante de douleur?

Allons donc!... l'homme est encore plus barbare, il en remontre à ce timide cachalot, et fait souffrir sa victime plus longtemps!... Il lui fait, coup sur coup, de cruelles blessures et prolonge ainsi sa longue agonie; elle s'éteint longuement, son corps tressaille, elle meurt et, la queue agitée d'un mouvement redoutable, elle a des retours de force et de douleur terribles.

Décidément l'homme est plus féroce et plus cruel que le cachalot!...

---

## V

### LES ATOMES.

De ces monstres marins, gigantesques cétacés, passons maintenant aux infiniments petits; la transition est brusque, nous l'avouons, la différence est d'autant plus grande qu'elle est moins habilement préparée; mais qu'importe! ce que nous voulons avant tout, c'est accompagner notre savant dans ses études approfondies, le suivre dans ses remarques intéressantes, ingénieuses et hardies à la fois.

Avez-vous déjà remarqué dans les airs, le plus souvent en été, une myriade de points imperceptibles voltigeant et s'agitant en tous sens comme des grains de poussière impalpable? Au premier abord, vous vous frottez les yeux, le sang vous paraît affluer sur votre vue, et vous éprouvez des éblouissements subits; puis, peu à peu, vos yeux s'habituent à ce mouvement extraordinaire, et vous essayez de fixer attentivement vos regards sur cette poussière mouvante. Soins inutiles, vous ne remarquerez rien de curieux dans cette agglomération si vous n'avez un puissant microscope pour aider vos recherches, et vous renoncerez bientôt à percer cet étrange voile.

Ce grain de poussière, cette forme vague que vous entrevoyez sans pouvoir la définir, est un animalcule de l'air; elle existe réellement, et cet axiome n'est pas un vain mot; c'est un être infiniment petit, qui respire et célèbre sa naissance par une bacchanale qui n'est pas sans étrangeté.

La mer en renferme des milliards dans son sein; leurs espèces, leurs formes varient indéfiniment; c'est un monde admirablement varié, où tous les genres sont représentés, et forment une organisation extraordinaire du travail vital. Ce qui est incontestable surtout, c'est la vigueur de leurs mouvements et l'ensemble avec lequel ils accomplissent les diverses servitudes de la vie commune.

Des savants ont étudié l'organisation, les mœurs et la forme de ces invisibles; ils ont, ou à peu près, le secret de leur génération. Ils ont établi d'une manière précise que des débris d'infusoires donnaient naissance à la membrane prolifère, à une gelée féconde d'où naissent des ovules qui servent de germes à la nouvelle génération et créent de nouveaux êtres qui s'agitent, vont et viennent, nagent et vibrent dans cette fermentation vivante, avec un ensemble remarquable et vraiment curieux.

Nous nous intéressons avec Michelet aux *kolpodes*

et aux *vibrions*, ces êtres microscopiques éveillent notre attention, provoquent notre sympathie, nous marchons avec lui de surprise en surprise, et d'étonnement en étonnement.

Quel est cet étrange animal qui se meut avec grâce et surtout avec une vigueur peu commune? il semble animé d'un feu intérieur et représente très-bien ce type du mouvement et de la force.

Respect à lui, c'est le roi des atomes! le plus puissant d'entre eux et le plus redoutable. Il se nomme le *rotifère* et tire son nom des deux roues qu'il porte aux deux côtés de la tête. Est-ce une arme pour atteindre sa proie? est-ce un moyen de locomotion qui l'assimile au bateau à vapeur?

Attendons la décision des savants à cet égard; peut être un jour trouveront-ils la solution de ce problème; jusque-là, bornons-nous à mentionner le fait et n'en recherchons pas les causes.

Ce qui est palpable pour nous, c'est l'abondance de ces vers microscopiques, de ces infusoires qui jonchent les profondeurs du sol et se répandent en profusion à la surface. Les flots sont peuplés de *mollusques* innombrables, de *crabes* bronzés et d'*actinies* rayonnantes, de *cyclostomes* dorés et de *volutes* ondulés, qui pullulent en animacules lumineux, et apparaissent à la surface de l'onde comme des traînées de feu et des guirlandes étincelantes.

Ces animaux mystérieux illuminent la mer, ils sont la palpitation vivante d'une flamme qui jaillit et se meurt. Ils s'émeuvent, prennent part aux convulsions de l'Océan perfide et rendent feu pour feu aux éclairs du firmament.

La mer doit être fière de sa richesse, nous dit

Michelet, elle peut se moquer des agents destructeurs répandus en si grand nombre sur ses côtes et jusque dans son sein. Elle possède, dans ses ténèbres, mille moyens de défier la voracité des êtres gloutons et voraces; elle est inaccessible à leur prise, car sa fécondité est sans pareille. Pour ne tenir compte que des animacules qui la peuplent d'une manière si compacte et si productible, nous dirons que dans certains endroits chaque pied cube de cette eau en contient plus de cent mille.

Nombre effrayant!...

Et pourtant cette population est inoffensive et ne cause aucun mal.

---

## VI

### ENCORE LA MER; SON DROIT, SES BAINS.

Après nous avoir intéressés aux vicissitudes de ces infiniments petits dont la pointe d'une épingle peut en enlever facilement cinq ou six mille, après nous avoir promenés de surprise en surprise par le récit de leurs mœurs toutes patriarcales, de l'amour de la société et du travail inné en eux, notre savant parle du droit de la mer; il nous prouve très-clairement que la belle capricieuse a des droits tout aussi respectables et certes plus anciens que ceux de la terre. Il discute froidement l'opportunité des réglements sur la chose et demande instamment leurs applications à la pêche : il veut surtout qu'on laisse aux petits poissons le temps de grossir, *de prendre du ventre*; ils acquièrent ainsi cet embonpoint si nécessaire pour en faire des morceaux délicats et de choix.

Au moins, nous dit-il, s'ils doivent être mangés, donnez-leur auparavant le temps d'engraisser ; qu'on en fasse des morceaux de choix, qu'ils vivent assez pour cela.

Petit poisson deviendra grand
Pourvu que Dieu lui prête vie.

Lorsqu'ils seront gras et dodus, tuez-les ; rien de plus logique, de plus naturel.

Vraiment !... mais mon cher monsieur, vous êtes charmant, vous vous arrangez à merveille, un peu en gastronome, il est vrai, et vous semblez oublier quelque peu votre rôle de philanthrope et d'homme sensible, qu'importe ! vous promettez une pêche abondante, mais vous demandez aussi qu'on respecte les eaux pendant un laps de temps déterminé.

Voilà qui nous semble clair, et, bien qu'on puisse reprocher à ces paroles une légère imitation des vérités de la Palisse, nous n'hésiterons aucunement, pour notre part, à vous proclamer digne de recevoir les grâces que vous demandez encore si modestement et si charitablement pour les autres.

Savoir : Un regard du Créateur, *de l'abîme aux étoiles*, et sa bénédiction.

Vous seul en êtes digne, car vous seul réclamez, avec énergie, *une saison de repos*, une trêve pour le règne aquatique, que poursuit avec acharnement et sans répit tout le genre humain.

Il nous reste, maintenant, à nous occuper des

bains de mer; vous pensez bien que M. Michelet ne les a pas oubliés et qu'il en a fait l'objet d'une étude approfondie et spéciale.

Et d'abord, il est aujourd'hui hors de doute que parmi les habitués des bains de mer, dont le nombre devient de plus en plus considérable et s'étend chaque année, on peut facilement et sans exagération supposer que le tiers seul a réellement besoin de ses services et de son puissant concours pour revenir à la santé et au bien-être.

Les deux autres tiers des habitués vont aux bains par genre, non par nécessité; ils profitent de ces grandes réunions, des bals, des concerts, etc., pour mener joyeuse vie ; puis ils reviennent dans la capitale plus malades et plus exténués que lors de leur départ. Beaucoup aussi sont frappés de maux imaginaires, se figurent souffrir et veulent surtout intéresser à leur sort à tout prix.

On part pour les bains de mer comme si l'on allait en partie de compagne; bien plus, on entasse habits sur habits, robes sur robes, et, au lieu des vêtements simples, commodes et de bon goût que vous devriez y voir, vous ne remarquerez sur les grèves et dans les environs que des toilettes extraordinaires d'une richesse éblouissante et d'un luxe inouï. Les manières cérémonieuses et guindées remplacent le laisser-aller plein de charme et de commodité.

Progrès immense! vous quittez Paris, vous vous éloignez pendant quelque temps pour aller respirer cet air de la mer, que l'on dit si salutaire et que vous payez au poids de l'or; puis, arrivé là, vous vous trouvez subitement transporté au milieu de gens pointilleux et cancaniers, et vous voilà condamné à ne pas faire un pas sans être gêné par une foule de regards fixés obstinément sur votre personne. Ils semblent vous épiloguer et chercher dans votre contenance, dans vos effets, les plus légers sujets de vous tourner en ridicule et de s'amuser à vos dépens, sous le prétexte futile de bel esprit.

Les bains de mer ont évidemment leur bon côté ; leur action est surprenante pour les organisations affaiblies, énervées : ils les raffermissent, donnent de la force et de la souplesse aux tissus, dissipent les langueurs et donnent souvent une seconde vie en faisant un nouvel appel aux passions, en donnant au sang appauvri une vigueur nouvelle.

Les médecins les recommandent souvent, presque à tout propos, ils servent aussi à dissimuler les embarras de la science, et vous les voyez souvent ordonnés en même temps à deux malades dont la constitution est essentiellement différente, et pour produire des effets contraires.

Du reste, les causes salutaires des bains de mer nous sont encore expliqués par M. Michelet, et voici comment :

Le principe servant de base à la vie, le *mucus embryonnaire*, ou, pour parler d'une manière plus simple, la gelée animale qui forme la moelle de nos os, se trouve en abondance dans son sein ; elle est amenée sur les côtes par quantités tellement fortes, qu'on se sert de ce riche aliment, de ce principe de la vie humaine, comme d'un engrais ordinaire.

La mer nous donne en abondance cet aliment si nécessaire et si précieux de notre vie, sachons en profiter. Vous tous courbés par ces affreuses maladies de la moelle épinière, dont les ossements chancellent, se courbent et se ramollissent, venez avec empressement recevoir le seul remède qui puisse vous procurer, non-seulement un soulagement éphémère, mais encore une guérison rapide et certaine. Accourez en foule sur ses rivages, la nécessité vous le commande en maître, et votre vie dépend de la promptitude que vous mettrez à lui obéir.

On le voit clairement, M. Michelet a l'amour de la mer poussé au suprême degré. Il la voit riche et féconde en trésors de toute nature, en beautés de toutes sortes : il la proclame surtout pleine de douceur et d'innocence, et se refuse à la croire coupable envers nous. Les effroyables tempêtes qui la sillonnent en tous sens, les catastrophes terribles qu'elles amènent, lui paraissent à peine dignes de fixer l'attention.

Qu'est-ce, après tout, que ces bâtiments perdus corps et biens; ces malheureux naufragés, victimes de l'élément en courroux, errant à l'aventure, en proie aux horreurs de la faim et de la soif, et souvent forcés, pour subsister, de recourir à d'horribles extrémités, dignes des cannibales et des peuplades sauvages?

En s'obstinant à l'observer d'une manière *poétique*, le cœur ému par les immenses trésors qu'elle renferme en son sein, il a trop oublié les désastres affreux dont on nous rend compte chaque année. Il la bénit pour le bien qu'elle nous donne, ne devrait-il pas aussi la maudire pour le mal dont elle est cause?

Elle est bienfaisante pour notre commerce, qu'elle enrichit de plusieurs manières. Elle nous donne à profusion le corail, la nacre et les perles, dont l'industrie fait des parures gracieuses et légères. La pêche de ses poissons et de ses cétacés nourrit des milliers de familles, amène sur nos marchés une immense quantité de ses produits, si variés et si vantés. Elle procure une nourriture saine, peu coûteuse au plus grand nombre, de même qu'elle orne la table du gourmet de ses morceaux délicats et recherchés.

Elle régénère nos membres affaiblis et prolonge ainsi notre existence; de plus, elle nous nourrit et elle aide puissamment par le concours de ses minéraux à la parure de nos femmes et de nos sœurs.

Le savant défenseur de la mer nous demandera si nous pouvons exiger plus, et si les brillants avantages dont elle nous dote journellement ne balancent pas d'une manière satisfaisante les quelques désastres qu'elle provoque et dont quelques-uns d'entre nous restent victimes.

Non ! mille fois non ! Le bien-être général n'effacera jamais les suites de ces ouragans terribles qui déciment nos côtes et enlèvent chaque année des époux à leurs femme, des pères à leurs enfants et des fils à leurs mères, en même temps qu'ils privent la patrie de citoyens dont le concours dévoué lui appartient et lui est nécessaire.

Croyez-vous que l'on puisse considérer de sang-froid et comme un événement ordinaire la perte de Franklin, de Lapeyrouse et de l'Américain Kane. Les rangez-vous parmi ces individus qu'il est toujours facile de remplacer? Non; ces noms illustres ont laissé un vide immense parmi nous, et la science en gémit tous les jours. Français, Anglais et Américains pleureront ensemble la perte de ces intrépides navigateurs, victimes de leur patriotisme et de la science.

Nous consentons à tenir compte à la mer de ce qu'elle veut bien faire pour nous de grand et d'utile, rien n'est plus juste; mais, si nous lui devons de la reconnaissance, elle est singulièrement altérée par le mal que nous en recevons et qui nous frappe douloureusement dans nos affections les plus chères.

Donc, nous ne sommes pas de l'avis de M. Michelet, nous le regrettons et nous éviterons de nous prosterner devant son idole.

Nous n'avons également aucune confiance dans l'ordonnance d'un sage de ses amis, grand médecin s'il en fut, qui, dans l'intention de régénérer ses malades en leur donnant une santé robuste, les envoie à Alger ou aux Canaries prendre une *imbibition* de soleil !... Ce moyen trop africain nous répugne, et bien que pour inspirer, *lui-même*, une plus grande confiance dans sa méthode, ce grand médecin fasse plusieurs fois le chemin de Paris en Sicile ou à Madère pour aller s'exposer des heures entières et en Apollon à l'ardeur du soleil, sur un rocher. Eh bien, mon cher monsieur, taxez-nous d'ignorance si vous voulez, mais nous avouons bénévolement préférer de beaucoup le simple *bain de mer* au coup de soleil imminent que vous allez chercher si loin en costume si léger.

Mais, puisque nous voici aux bains de mer, examinons un peu ce qui s'y passe.

J'aperçois d'abord une foule de gandins en tenue

irréprochable, ils s'avancent de ce côté, le lorgnon posé délicatement entre l'œil et le nez.

Que viennent-ils faire à cette heure sur la plage?

Ah! voici maintenant des baigneurs; ils arrivent aussi en grand nombre.

Est-ce que les élégants vont rester?

Certes, si vous avez pensé un seul instant qu'ils étaient là par hasard, vous vous êtes trompé. Vous allez assister à une invasion d'incroyables et de curieuses. Les gants jaunes et les bottes vernies sillonnent la grève. On se presse, on se bouscule, chacun s'aborde en riant, des conversations s'établissent, et la médisance va son train. On remarque les baigneurs, les baigneuses, la lorgnette à la main et la plaisanterie aux lèvres; on fait pleuvoir sur eux les quolibets les plus stupides.

En voici qui entrent à peine dans l'eau et qui en ressortent pâles, effrayants et frissonnants.

Rien de plus naturel, ce sont les premiers essais.

Diable! ils n'y reviendront plus en ce cas ?

Bien au contraire; seulement ils y resteront de six à sept minutes au plus, car un plus long séjour leur deviendrait nuisible.

Peu et souvent, et vous vous habituerez à l'impression glaciale des flots; mais ce qui vous sera toujours pénible, c'est votre exhibition forcée en présence d'une foule stupide, qui vous remarque des pieds à la tête en cherchant à se divertir à vos dépens.

Vous croyez, sinon à la sollicitude, du moins à la fraternité des baigneurs, et vous vous trouvez au milieu d'un monde qui vous gêne, et qui est toujours prêt à critiquer vos actions les plus simples.

Eh bien, éloignez-vous du centre de tous ces groupes, fuyez la foule et baignez-vous dans un endroit écarté, en présence d'un ami qui veille sur vous et vous entoure de soins délicats.

Que dire de mieux?

Rien, cette fois vous êtes dans le vrai, vous avez raison, M. Michelet, et nous n'avons rien à vous faire observer; aussi, nous ne vous chercherons pas une querelle d'Allemand sur un sujet que vous avez décrit d'une manière si naturelle et si habile.

Pourquoi n'êtes-vous pas toujours ainsi?

Pourquoi vous écartez-vous si souvent du naturel et recherchez-vous si ardemment le côté poétique de toute chose?

Cette infime brochure n'aurait pas été écrite, nous ne nous serions pas vu obligé de critiquer un maître.

J. Delagny.

FIN

2062 — PARIS. IMPRIMERIE DE ÉDOUARD BLOT, RUE SAINT-LOUIS, 46.

Paris.— Imprimerie de Édouard Blot, rue Saint-Louis, 46.

www.ingramcontent.com/pod-product-compliance
Ingram Content Group UK Ltd.
Pitfield, Milton Keynes, MK11 3LW, UK
UKHW022000260726
13994UKWH00004B/1866

9 782329 437149